送給 _____：

生活中不缺的，就是煩惱了！
（我也有很多呀 =^- ω -^=）

翻開這本書的你，讓我用萌爆的可愛力，
幫你舒展眉頭，再深呼一口氣，
把煩心事吹到天邊去。

嘿，現在是不是輕鬆許多了呢（喵）？

目錄
Contents

前言
生活破破爛爛，就讓喵咪替你縫縫補補！　　　　　　　　4

🐾 PART 1

喵嗚，歡迎光臨貓的家！

鑰匙才插入門口，隨即聽見喵喵叫，沒錯！這正是喵的寵幸，歡迎著你回家！

白日升起，喵咪在家裡當起山大王，不讓敵人越過雷池一步；夜幕降臨，喵咪溫馴地趴在鏟屎官身上撒嬌，享用美味獵物。

有喵的日子，當然是滿滿的幸福。

01 嘿！看我站在巨人肩膀上　　　　　　　　8

02 就算想睡，也要陪你 Work at home　　　　20

03 喵出同門的難兄難弟　　　　　　　　32

04 躲貓貓，拽到一捲毛！　　　　　　　46

05 爬樹不成，改坐汽車副駕的兜風喵　　54

06 一顆頭比身體重的黑皮　　　　　　64

07 全員集合，關於喵和奴變成家人那件事　74

08 不准出門，只准跟我玩遊戲！ 98

09 就算每次親親都嫌棄，但我還是很愛妳！ 110

10 讓我來當你的戀愛軍師吧！ 122

11 「大橘為重」，那些減肥的日子 134

🐾 PART 2

愛，就是每天和你窩在一起！

咦，確認過眼神，原來我們都是貓星同路人。走過、
晃過、路過，看見本喵，豈敢不收編？
當你把我帶回家，不管我是軟萌幼崽（嚶嚶怪），
還是年邁爺奶（咳咳咳），照樣都愛不釋手（蹭
蹭），也一再保證愛不棄守（淚）……，為了報答
這一份情意，讓我鐵了心跟定了你喵，準備迎接本
喵每日的甜蜜暴擊吧！

01 日子煩躁，生活無聊？喵生教你實踐快樂之道 148

02 愛不棄守，我和鏟屎官 365 天零距離！ 162

生活破破爛爛，
就讓喵咪替你縫縫補補！

人生偶有不如意，那就學學貓咪的能屈能伸（都說貓咪是液體，伸縮自如的——），喜歡就蹭一下（然後很多下），不喜歡就冷眼旁觀（看啊！那個作死的人），沒必要對每件事都有反應（罐罐除外），不是每件事都該當真（雷射筆別來亂）。

瘋狂內捲和瞎攪和，只會讓自己累壞，喵生不幹這檔事。

🐾

喵咪深知，跳躍時難免會有小擦傷，卻不妨礙下次的瘋狂冒險。

來！暖身預備備——拱背拉伸、翹高屁屁，再來個翻肚朝天（聽見窸窣聲，能量 MAX 瞬間充飽電）。

如果幸福住在隔壁，它自己不走過來，但我們可以朝它走過去（飛撲），踩踩踏踏，一覺醒來，又會是嶄新的一天（喵）。

4

在貓掌的縫縫補補之下，人類世界原本殘破雜亂（平靜無波）的日常生活，一下子就煥然一新（生氣勃發），鮮活又精彩起來。你說，有喵的陪伴是不是一件過分奢侈的寵幸啊？

咦，確認過眼神，原來我們都是貓星同路人。
「不是一家人，不進一家門。」翻開這本書，就當你進了這扇喵門了，從此刻開始的相遇，注定了這場花拳繡腿的甜蜜（打包帶走）。

如何能讓一個人每天出門就開始想著回家？
我想，這就是喵的魔力，也是家最好的樣子吧。（＝ω＝）

喵嗚，歡迎光臨貓的家！

鑰匙才插入門口，隨即聽見喵喵叫，沒錯！這正是喵的寵幸，歡迎著你回家！

白日升起，喵咪在家裡當起山大王，不讓敵人越過雷池一步；夜幕降臨，喵咪溫馴地趴在鏟屎官身上撒嬌，享用美味獵物。

有喵的日子，當然是滿滿的幸福。

01

嘿！
看我站在巨人肩膀上

我是皮卡啾，2020 出生。
喜歡發獃、放空，睡覺，更愛趴在鏟屎官的肩上；
興趣是觀看樓下超商的招牌。

我的鏟屎官的是一名小資上班族，母胎單身。
「為什麼總是交不到女友？」老是捧著我的臉這樣說著。
（嘶——他那個憨樣，好幾次差點忍不住出爪……）

我是還不打算招親啦，勉強湊合著過，也還不算無聊，
就讓他再伺候我一段時間看看。

好啦，鏟屎官交代第一篇要說點溫馨的話：
「這是我的第一個家，希望你能陪我到最後。」
（這是我難得的肺腑之言）

等等等——這樣他不就得永遠一個人？
不！我心中已經替他找到人選了，
就是那個……噓，明年再說。

嬰嬰睏，一暝大一寸，
看我睡姿萌萌 der ！

喵

小時候總覺得，時間好像是無限的，
可以一直無所事事地發獃，就算不做什麼也很輕鬆自在。
（雖然現在長大不少，還是一樣無所事事～托腮）

不過，你知道喵界平均壽命只有 12 ～ 18 年嗎？
每一次發獃，原來都是如此獨一無二！

我永遠記得，在那個酷熱的夏天，
你從水溝旁帶我回家……。

這是我的第一個家，希望你能陪我到最後。

剛剛鏟屎官去樓下超商買茶葉蛋，
竟然沒有帶一條肉泥回來。（扭頭）

偶爾，我會容許你把我抓到肩膀來，
不是說：「站在巨人肩膀，可以看得更遠。」（出神）

我卻只能看見樓下超商的招牌，
在夜色下對我招手。

（肉泥乖，肉泥來，鏟屎官卻什麼都沒帶回來──）
肉泥當然好啊，但是每回跳上沙發望窗外，
常常看的是鏟屎官怎麼這麼晚還沒有回來。

什麼時候……，
我開始想念起他肩上的溫暖。

嘿嘿嘿，終於爬上來囉！
這個角度「饋頭」剛剛好。

喵嗚，別吵！睡個 10 分鐘再叫我。

都說黑白攝影最能捕獲純粹本色，
這次就讓你見識一下本喵——
純淨（慵懶）的靈魂吧！（舔爪）

不知不覺就一暝大一寸，還好我還沒有變壞，
杏眼微張的我，是不是惹人憐愛？

哪尼！這是倒數第幾個女朋友？

鏟屎官今天帶回新的女朋友來，噢，是女的朋友。
（八字都還沒一撇，別老是假借我的名義帶人回家，
這次到底能不能搞定啊！）

揪兜馬爹，這個女人啊，這樣一直盯著我，
對我有什麼企圖嗎？
新郎不是我，我不會隨便跟你走滴⋯⋯。

不然，再擺個姿勢給妳看，賞點小魚乾吧！
（今天好像胖了，別聽鏟屎官亂說。）

喵

忙碌了一天，一個月，又一年，
舔舔手，舔舔腳，
來個裡裡外外大掃除。

吃了一餐又一餐，
別看這般悠閒，我都在惦記盤算著。

「鏟屎官，別擔心，明年過年前，就幫你討個老婆嗝！」

舔舔舔（這暗示還不夠清楚嗎），
快快給本喵送上肉泥來！

02

就算想睡，
也要陪你 Work at home

我叫 Oreo，2021 年出生。
有一個狗哥哥和貓妹妹，喜歡睡在狗哥哥旁邊。
雖然我長得兇，但我對鏟屎官還是很溫柔的！

我的鏟屎官是一名自由工作者，
經常和我一樣窩在家裡。
「Oreo ～你在哪兒？」
當我神遊到一半，時不時地就會在家裡聽到我的名字。
（這個時候的我就知道他又卡關了）

我的鏟屎官什麼都好，就是有一點不好，
經常帶流浪貓回來照顧，
再把他們送走，
現在我們家已經有 3 個成員了，
其實我不想要再多一隻喵或是汪跟我爭罐罐啦！（開掌花）

在我來到這個家的時候，就知道有一隻狗哥哥了。

一開始還會小心翼翼地躲在遠處，
他的體型大得一巴掌就可以把我拍飛。
（還好他從沒這麼做）

相處時間長了，才發現，
狗哥哥脾氣真不是一般地好，
不管怎麼鬧，他都帶著寵溺的眼光撫慰著我。

喵

巧手輕鬆拿捏，狗哥哥深陷在我的溫暖攻勢裡！

魚啊魚，咬一下，
看看什麼時候你會變成真的？

身為一隻喵星人，除了在家裡散散步之外，
最喜歡的還是抱著我的魚玩偶了。

「有點臭啊！」
我看著鏟屎官兩隻手指夾著我的玩偶，丟進了洗衣機，
哎呀呀，小魚不會溺死了吧？

難道他不知道洗了之後味道不一樣了嗎？
（我也要把他的小被被丟到洗衣機！）

鏟屎官經常在家工作，
也不知道在幹嘛，
雙手一直在鍵盤上「答答答」得不停，
聽得我都頭疼了。(Φ ω Φ)

只要一坐到桌子前，他就會忽視我的存在，
我可不容許有任何東西比我更重要！

「爸爸在賺你的罐罐啊！」
好吧！為了我的罐罐，
還是勉為其難地陪你辦公好了！

現在乖乖地陪你上班，等一下換你陪我玩！

今天鏟屎官興沖沖地提著大包小包回家，
竟然說要幫我洗澡。

「有一種髒，叫做鏟屎官覺得你髒！」
每天都在舔毛清理的我，
看看喵毛多麼柔順！（驕傲）
愛乾淨的我竟然被嫌髒了（震驚）……

每次聽到隔壁貓發出鬼哭狼嚎的聲音，
幸災樂禍的我，難道就是現世報？

給你一個眼神，
自己體會我看起來是想洗澡的樣子嗎？

洗手台的功用是床，不是用來洗澡滴（喵）！

出拳，別笑我腿短，
誰贏誰老大！

這是一個大太陽的午後，
我躺在窗邊慵懶地曬著太陽，
驚覺家裡竟然又來了一隻喵。（氣撲撲）

難道是來跟我爭寵的？
一見面就是貓咪大戰爭，
上演了一齣《後宮甄嬛傳》貓咪版！

希望來了新的喵，鏟屎官還是會愛我如初。

03

喵丘同門的難兄難弟

我是小 V，我是大 V（要用氣音）。2005 年出生。
小 V 喜歡黏人，大 V 喜愛獨處。
小 V 興趣是吃，大 V 興趣是思考。

我們出生在一個有愛的小家庭。
從媽媽肚子蹦出來的時候，我的鏟屎官就看上了我們，
那天他帶著老婆來到堂弟家，見證了「上天造喵」的奇蹟。

他倆用十分驚嘆的表情看著剛出生的我們，
眼睛都沒有來得及睜開，就被用保溫箱小心翼翼地帶回家了。

除了我們額頭特殊的 V 形胎記（紋路），
那時候因為經常打盹，不知不覺發出「Vu」的氣音，
於是有了大 V、小 V 的稱號囉。

有時候，鏟屎官會說：「ViVi 來！」一起喊我倆。
然後，就看我們呆頭呆腦，咚咚咚爭先恐後地跑過去。
卻看他們癡癡笑著，我們只能「喵喵喵」表示抗議。

天氣變冷的時候，
我們就愛互相取暖（天熱也是喵）。

人家都說哥倆好，一對寶！
看我倆這樣相親相愛，打娘胎就在一塊。

「噓──」小聲一點喔，我們還想多睡一會（喵）。

我是小 V，
我們雖然是「喵出同門」，但性格略有不同。
我喜歡吃，所有貓糧、零食來者不拒！

看我嘴饞，萌萌噠，
總也會多倒一些分量給我。
（說到這裡，口水又不爭氣地流下來──）

我最愛當個跟屁蟲，繞著鏟屎官打轉。
偶爾，也會從褲管爬上男奴才的身上，
最後，都是被一把抓到胸懷，稱了我的意（哈）。

還差那麼一點點，那就再多倒一些喵！

我是大 V，因為早一秒出生，
頭腦早些發育，好像也就多些睿智（喵）。

在小 V 和鏟屎官玩耍的空檔，
我常會偷溜到後院的小公園，
享受一個人的清靜時光。（平日快被小崽子煩死喵）

我在這個秘密基地，
一方面巡視領地，一方面思考我的喵生。

我是一匹孤傲的喵，這個姿勢有帥到嗎？

嘻！你說我像誰？你愛我像誰？

當我們慢慢長大後，
一個往上發展，
一個往橫向發育，
所幸都還沒有長歪。

倒是誰是誰，
就讓你猜一猜（喵）——。

身為哥哥，自然要友愛弟弟，
不過，偶爾還是有忍不住的時刻。

「看你不爽很久了，給我注意一點！」
擺出大哥的架式。
（當然只是嚇唬小 V）
「你要幹嘛，我要去告狀喵⋯⋯。」
（最後不免上演一場你追我跑的戲碼）

「好，我改！」
揪兜馬爹……，
君喵動口不動手！

這樣兄友弟恭，漫步夕陽下的畫面，
是不是很溫馨呢！

大多時候，我們是友愛的狀態。
我把秘密基地也告訴了小 V。

總是喵兄喵弟嘛，
再怎麼樣吵，
好東西還是要跟好兄弟分享！

看我倆雄赳赳、氣昂昂，
這次就比比看誰尾巴翹得比較高？

04

躲貓貓，
找到一撮毛！

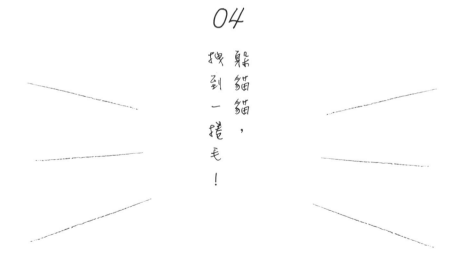

我是雪碧。2008 出生。
喜歡喝水、玩水。
興趣是躲貓貓。

他是名警察，經常半夜出勤，害我常常在家提心吊膽。
（爸爸這次外出狩獵，會不會遇到危險？）

閒來沒事，他愛跟我玩「官兵抓強盜」遊戲，
對啦，十次有九次我是扮演那名劫匪，
偷心賊！（是誰偷偷偷走我的心～）

「砰——」他也愛用手比槍並發出聲音，
訓練我聽到假裝倒下。（好啦，這次就乖乖躺著）

因為我的眼睛顏色是翡翠藍，加上一身貴氣雪白，
所以被喚作雪碧。
不像其他的貓咪，我很喜歡玩水，也愛喝水，
特別是爸爸不知道哪裡弄來一台，
靠近就會發光、讓水不斷流動的機器，
體內水氣充沛的我，也是好動寶寶一枚唷。

我喜歡跟爸爸玩躲貓貓。
對的，剛好我正是那隻喵！

我遮住半隻眼睛，
這樣你應該只能看到一半的我。
我遮住兩隻眼睛，
你就完全看不見我了喵。

你在看我嗎？我是小害羞喵。

哪有人偷偷從背後暗算，作弊不算！
看我使出如來喵掌，嘗嘗我的厲害。

等等，那是逗貓棒嗎？
嘿，不要跑——。

哼哼哈兮，看我的喵喵拳！

每次躲貓貓之後，沒有抓到半條魚，
總能拽到一捲毛。（看我手手的戰利品）

爸爸常常對我說，我是優雅小公主，
所以動作不能太粗魯，
也不可以學大嬸貓那樣，罵罵咧咧。

不過，若是太晚回家，或是不陪我玩，
照樣生氣氣給你看（喵）！

我感冒了，爸爸不讓我出去玩（喵）！

05

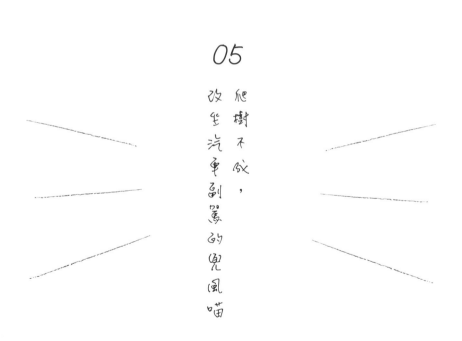

爬樹不成，改坐汽車副駕的兜風喵

我是 Cheese，代號 006。2013 出生。
喜歡戶外大自然、坐上汽車副駕駛座兜風；
興趣是爬樹（在還能爬得上去的時候）。

我的鏟屎官是名計程車司機。
在他一次送客人到定點的時候，發現了躲在路樹下的我。
——嘿嘿 Taxi，你要開到哪裡去——。
——嘿嘿 Taxi，別把我丟在這裡——。

把我帶回家的他，就此告別了獨居生活。
（有喵陪的日子不會無聊）

鏟屎官還是熱愛健身的魔人（簡稱健人），
原本我瘦小的身材，看在他眼裡可是不合格，
老是對我進行特別訓練。

我也在耳濡目染下，變成喜愛爬樹，
看我代號 006 俐落的身手，可不輸給 007。

這是什麼味道，好上頭呀！

喵

咦，今天鏟屎官又要載我去哪裡啊？
怎麼一上車，就聞到一股大海的氣息，
原來是貓條的誘惑呀。

等不及到目的地了，
就先開吃吧！

嘿‧我是喵界辛巴！

喵

當然，貓條只是一個誘因，
鏟屎官希望把我訓練成爬樹高手，
所以每次都載我到山上進行特別訓練。

看！我的身手不凡，
看！我的架式一流，
看！我那孔武有力的喵掌。
小小身體，已經是渾身的肌肉囉！
（鏟屎官在一旁表示滿意）

那天，我看到一隻卡在樹梢的胖橘貓，
動彈不得的他，只能直勾勾地盯著我，
好像在對我說：
「可不可以救救我呀？」

心想，我不能成了那個樣！
趕緊跑去鏟屎官的跟前，
帶著他上演一齣關鍵救援。

別只是看啊——，還不趕快救駕！（喵）

我的官人，趕快回來啊！（就快撐不住了）

人算不如天算，
後來才知道那天的奇遇，竟是一場預言。

身體無端生了一場大病，
沒有人類健保的我，花了鏟屎官好多錢，
他只好勤加開車載客，為我賺更多的糧食。

我呆呆望著他出門的身影，
想要跟著出去，身體卻只能勉強爬上圍籬，
只好大喊喵喵喵（一路目送），
記得早點回來唷——。

06

一顆頭比身體重的黑皮

我是黑皮弟弟（Happy）。2021 出生。
喜歡（被）剪指甲，還有饅頭；
興趣是躺在筆電上打盹，躲在衣櫃裡睡覺。

小米總是隨時帶著筆電。
人人稱她是一名小說家，我卻見她老是在家裡發呆。

為什麼知道她叫小米，每次打開答錄機，
都有人叫著小米小米，起初以為是在喊我（繞著電話拚命走），
後來才知道是想多了。

每次洗澡都要洗好久的小米，讓我在門口乾著急，
這樣一個體型大、身體不協調，又不會上蹿下跳的大傻，
會不會就在裡面溺水了？
（喵—喵—喵——，趕快開門讓我瞧瞧）

「黑皮來吧！今晚要開工了！」
就讓我埋著腦袋，捂著眼睛，蹭著肚肚，
靜靜聽妳敲擊鍵盤的聲音，沉入夢鄉。（噢，是陪妳工作）
願這美好的時光，就停在這一刻。

不要工作了，快來陪我玩！（喵）

我的頭簡直比身體還要重，
先讓我再趴一下吧。

當我發出呼嚕嚕的聲音，不是胃痛，
那是太舒服啦！

這個姿勢好像還不錯，
沒想到鍵盤上的按鍵，還可以幫我按摩。

「啊！ Happy 不可以，等一下資料被刪掉就糟了。」
（聽到小米一陣慘叫，讓我瞬間跳起來。）

吃飽要做什麼？當然是睡覺呀！（舒服）

「喵喵喵，我是不是一隻有求必應的喵？」
當妳打字累了，摸摸我的毛，就能恢復精神，
當妳搔著頭皮、咬著指甲，揉揉我的喵頭，
瞬間就充滿靈感。

最愛妳空出打字的手指讓我饋頭，
當我聽見妳的呼喚，就會朝妳飛奔而去（喵），
帶給妳每天不一樣的驚喜。

喵喵喵，我是一隻有求必應的喵。

我是誰，我在哪裡，我在幹什麼？

等等──，怎麼又要剪我的指甲了？
看妳陪我玩的份上，這次就乖乖就範。

咔咔咔的聲響，怎麼好像在嗑瓜子？
聽著肚子餓了起來。
不管，等一下要餵我吃罐罐。

好了，已經這麼晚了，趕快來睡覺吧，
電腦哪能有我好看呢！

因為我的眼睛看見的全是妳（閃亮），
願生命中的這道光，溫暖妳的日日夜夜。

妳也要一起進來嗎？

07

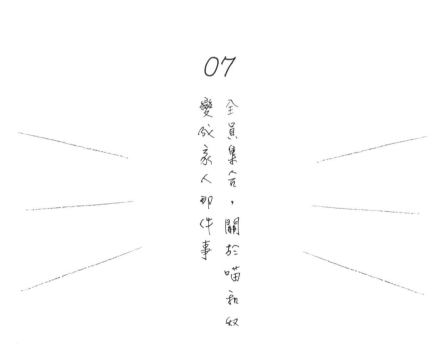

全員集合，關於喵叔奴
變成家人那件事

我們是大家子，族繁不及備載（姓名略過）。
出生各異，但各個有來頭。
各有喜歡，大異其趣，各位客倌就自己隨意。

「嘿，全員集合！」大媽子不知道哪根筋不對，
這次說要幫咱一家子拍全家福。

這根本比湯姆・克魯斯拍 Mission: Impossible 還要拚，
我們也只好總動員，全真素顏出鏡。
不過，能不能找得齊、拍得齊，一切就要看緣分。

聽見鏟屎官上樓的腳步聲，大夥們趕緊堵在門口迎接，
就為了搶先獲得關注的對視
（喂！鏡頭不要靠太近呀──）。

生活有許多的跌宕起伏，讓我更加確知，
有你們的陪伴是多麼幸福的一件事！
雖然全家福沒有拍成，但我們已經是永遠的家人。

生活過得開心，比什麼都重要！

我是大弟藕圓（閩南語發音），家中的調皮鬼。
這個家子有了我，包你熱熱鬧鬧，每天像過年。

我的鼻頭還頗粉嫩，
等等，這樣太靠近嗎？不是說要拍特寫！
你看我的黑眼線、自然眉，是否渾然天成？

仰頭自拍，一次教到會！

我是阿肥，二哥。
佛要金裝，喵要衣裝，
若沒有黃金毛皮，就要靠美顏神器。

最近知道一個自拍小技巧，不藏私報你知，
由下往上拍，驚豔 V 臉自然來。

家中水電修繕我包辦，但為何水管老是滴滴答？
據喵所知……，可能是被某種利爪尖牙弄壞的。（咦）

「怎麼可以不愛我？」10秒落淚，你怎麼捨得。

我是三哥傑克，據說鏟屎官看完《鐵達尼號》之後，
覺得我跟李奧納多長得像，就取了劇中名字。

（還記得那句深情告白：You jump, I jump.）

喜歡有點潦潦草草的浪子造型（其實只是不整理），
只能說得有顏質才能任性（喵）！

我是大妹，靜香。
喂喂喂，姿勢還沒喬好呢，刪掉！

你說要拿新鮮的魚過來嗎？
好呀，有魚缸也很好。

這是我的魚寶貝，誰都不可以跟我搶！

喵神駕到，還不快拜！

我是顧全大局的大姊，大咪。
當我翻肚肚，不是胃痛啦！

還想我說點什麼，趕快拍啊，
我快憋不住了（小腹緊縮中）。

四（阿）哥弘曆，所謂的帝王相就是我，
正所謂不怒而威才是真領袖。

雖然排行老四，但大家見我走來，
還是得讓開一條路。

不是我脾氣大，是自帶氣場沒辦法，
想要拍我，行，但千萬別搞砸！

此路是我開，還不乖乖交出罐罐來！

我是小弟，阿寶。
萌喵 Cosplay 最佳扮裝就是我。

你說這是什麼造型？
反正就是拯救地球的類型。
這地球沒喵喵我挺身而出，早就滅絕了啊！

我是超人，不，蝙蝠俠，
應該是俠盜羅賓……。

帥哥，我的腿漂不漂亮喵！

我是又颯又美的李李，
深諳三昧真火的三妹。
正所謂真人不住「陋巷」，
在街頭「露相」的亦非真人。

在磚泥地上擺拍的我，
還是遮掩不住明星的光芒！
（你說是嗎？）

正所謂：「姜咪釣魚，願者上鉤！」

我是家中小妹，咪醬。

先別管美腿不美腿，
看看這勾魂攝魄的尾巴，
以及那渾然天成的貂毛色，
配上高難度瑜珈姿勢──

「千呼萬喚始出來，猶抱琵琶半遮面。」
儼然是從山水畫走出來的古典美喵！

驚掉下巴，我到底看了什麼！

二姊妙麗，是名知識分子，
愛讀報紙、愛翻書，睡在《哈利波特》的封面上，
據說這樣可以迷迷糊糊闖入霍格華茲（是夢無誤）。

等等，街頭擺拍、孔雀開屏是怎麼一回事，
好，把我的磚頭書給拿來！

「這個家沒有我都得散了喵！」
身為大哥的我，是家中的衛生股長。
你問我名字？就叫阿中。

飯後洗手、不要隨意接觸眼耳口鼻、隨時保持安全距離。
拍照可以，但戴個口罩比較安全吧！

上一波疫情讓我嚇壞了，
打打鬧鬧，大家平安就好。

保護自己，愛護他人。

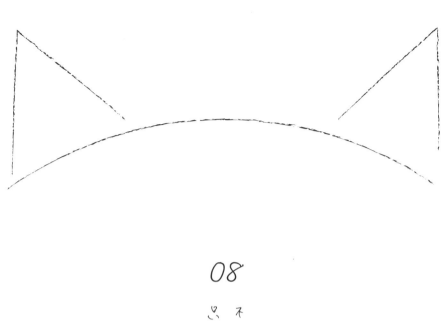

08

不准出門，
不准跟我玩遊戲！

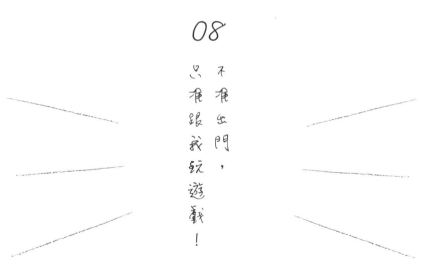

我叫黑糖，2023 年出生。
喜歡躺在紙箱裡，
興趣是在家裡的跳台上跑酷。

我是鏟屎官第一隻養的寵物，
據她所說，
拔拔麻麻一開始非常反對，
但他們現在還不是拜倒在我的爪爪之下！
「到底誰才是你們的女兒？」
鏟屎官看見我的待遇比她還好，
都會忍不住大喊，
沒辦法，
誰叫我實在太讓人喜歡了呢？喵～

鏟屎官是一名非常愛網購的大學生，
經常會有紙箱堆放家中，
這時我就會趁她不注意，跳進紙箱子裡，
還方便我隨時觀察鏟屎官的一舉一動！
（奴才！妳逃不出我的手掌心）

喵～為了吃，
我也可以犧牲一下撒個嬌的。

「黑糖，點心時間到囉！」
我正趴在窗戶旁邊曬著日光浴，
耳朵一動，馬上跳起來衝向奴才，
盯著她手裡的食物。

「來，握手！」我的天，
吃個肉泥居然還要才藝表演，
但為了吃，我還是照做了。（為五斗米折腰的貓）

喵

你在幹嘛，快點陪我玩嘛！（蹭蹭）

鏟屎官因為要上學，拔拔麻麻也要上班，
白天都不在家，只能獨留一喵看家（好無聊……）

「白天都沒有盡到鏟屎官的職責，
你現在要補償給我！」
當鏟屎官一回到家裡，我就會開始黏在腳邊，
讓她寸步難行！
哼，誰叫你們白天把我留在家裡呢？

「黑糖，你話好多喔！」
什麼？居然嫌我太吵？
小心晚上讓妳見識見識什麼叫做真正的吵！

（摩拳擦貓掌，為晚上跑酷運動預做準備。）

前些日子生病了，
渾身都不舒服，
連最愛的紙箱子在眼前都提不起勁，
鏟屎官擔心得連夜把我帶去看醫生。

當我被醫生抱在懷裡，
全身僵住，救命啊！
等一下會發生什麼事？
「喵──喵──！」鏟屎官救我啊！我不要看醫生！

然而她忽視了求救的眼神，
回到家妳就死定了！
（看我怎麼搗亂～）

救命，我不要看醫生啊啊啊！

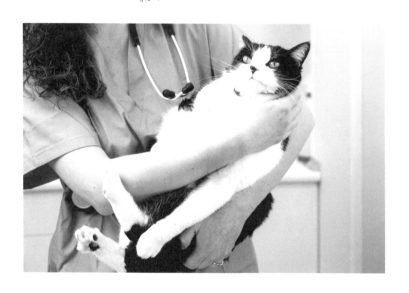

唉！鏟屎官又拿出逗貓棒了，
逗貓棒這麼無聊，誰還玩啊？
要不是因為她是我的奴才，
人還算不錯的份上，
還是意思意思跟她玩幾下吧！

嘿！看我超速貓貓抓，
跟我玩妳還太年輕了！

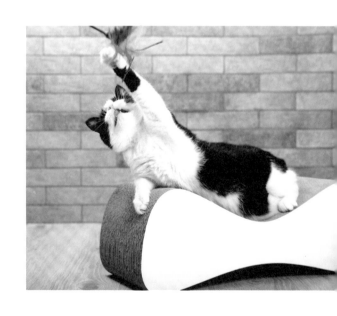

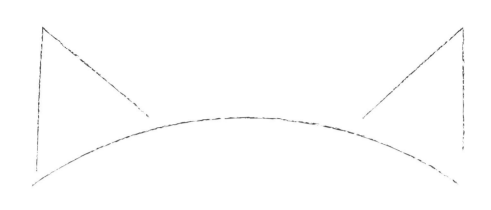

09

就算每次親親都嫌棄，但我還是很愛妳！

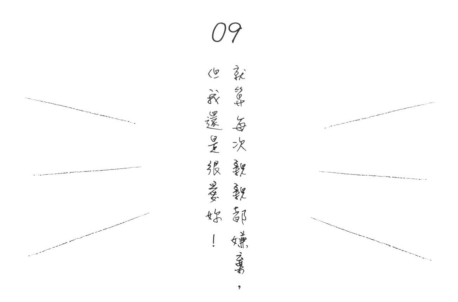

我叫皮皮，2021 年出生。
喜歡跟主人玩「你丟我撿」的遊戲，
興趣是躲在床底下，看主人找我的樣子。

「皮皮，你在哪裡啊？」
鏟屎官下班回家了，趕快躲起來！
這是我每天都喜歡跟她玩的遊戲。
我和鏟屎官的相遇是在收容所，
是她把我從那裡一起帶回家。

聽鏟屎官說，她去過很多間收容所，
都沒有看中其他隻貓。
（關於領養歷程，我都可以倒背如流了）
因為看了《魔女宅急便》想養一隻黑貓，
我才雀屏中選，
（居然不是因為我長得帥，太難以理解了！）
這種選貓理由只有水瓶座的人想得出來。

嘿！這不是恐怖電影劇照，
我哪有這麼嚇人？你們說呢？

床下、沙發下是我的藏身處，
總會有想獨自安靜的時候，
這時就會躲在床底下，
絕對不是嫌棄鏟屎官太吵喔！
（看看我黑暗中發亮的眼睛）

非常懷疑鏟屎官是 KISS 狂魔，
每一次都想要偷親我，
幸好反應能力夠快，每次都能成功躲開！
（厭世臉＋貓掌伺候！）

「嗚嗚，皮皮不喜歡我嗎？」
有一次聽到鏟屎官在跟朋友講電話，
才知道為什麼她突然要靠我這麼近，
啊？原來對人類來說，
親親是表達喜愛的方式嗎？
但對我們喵生來說，這是一種挑釁喔！
（被誤會也很無奈啊）

讓我來瞧瞧妳背著我偷吃什麼？

為什麼上廁所要關門？

「皮皮啊，能不能讓我好好上廁所？」
我只是來看看我的奴才在做什麼而已啊？
（怎麼進去這～麼～久～）

妳已經有一個小時沒有理我了，
難道不是妳做錯了嗎？
趁本喵還有心情，快點來陪我玩吧！

可能是看太多《獅子王》，
我的蠢（X）可愛（O）的鏟屎官，
居然也想把我舉高高──

但我如此尊貴的喵，
哪能這麼容易就抱得到的！
或許給我好多罐罐，
還可以稍微考慮一下。

大膽！
本喵豈是你說抱就抱的？

喵

Trick or Treat，不給糖就搗蛋！

一年一度的貓咪受難日又到了，
今年又要 Cosplay 什麼東西呢？

看看我的眼神，就知道是多麼抗拒，
看著鏟屎官將我裝扮好的滿意表情，
還是勉為其難地配合了。

畢竟是她把我帶離了收容所，也給了我一個家，
是我就算嫌棄也是很愛的奴才啊！

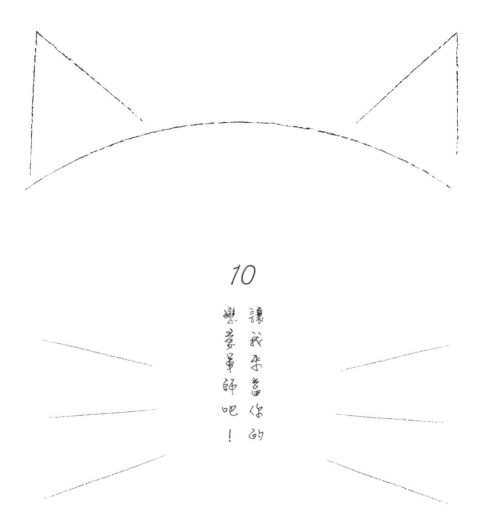

10

讓我來當你的戀愛軍師吧！

我叫哈基米，2022 年出生。
喜歡曬太陽、睡覺，
興趣是看窗外的各種動物。

我的鏟屎官是一對非常恩愛的情侶，
身為一隻單身喵，除了飼料之外，
還要天天吃「狗糧」，
真的是太虐貓了！

然而，兩人一貓的家庭，
不知道從何時起，
只剩下一人一貓了。
看著鏟屎官低落的情緒，
我也只能多陪陪他了。

我最喜歡的就是曬太陽了，
只是都市到處都是高樓大廈，
太陽都被遮住了。

想念起鏟屎官的老家，
周邊都是田地，房子也不高，
讓我可以在屋頂上曬著日光浴，
這種喵生多麼愜意啊！
（轉頭看向假日還要上班的鏟屎官，還不快點出門──）

朕親臨天下，還不快快臣服於我！

朕的江山依舊國泰民安，
甚好甚好。

我家在很高的樓層，
每天早上起床做的第一件事情，
就是來到窗戶旁，
看看我的子民們過得怎麼樣？

話說，鏟屎官已經出去很久了，
怎麼還不回來餵我吃飯？
真是太不把朕放眼裡了！

今天就不准他抱本喵當作懲罰吧！

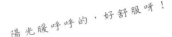陽光暖呼呼的，好舒服呀！

別看我整天在家無所事事，
本喵還是非常忙碌的，
這可是我短暫悠閒的午後
等到鏟屎官下班回家，
可就沒有這種閒情逸致了啊！

聽說失戀的鏟屎官今天會有一群朋友來家裡，
雖然每天不免嫌棄他笨手笨腳，
但他還是對我很上心，
看看能不能幫他找到另一名奴才，
多一個人也熱鬧。
（看我撒嬌賣萌，為了這個家操碎了心。）

今天鏟屎官買了一個新窩給我，
這個床睡得還挺舒服，
我都舒服到翻肚了。

（喵！注意一下你的手啊！）
餘光發現有雙手在蠢蠢欲動，
警覺的我亮出銀爪，
警告一下鏟屎官，
真是喵皇不發威，當朕是病貓。

我只是伸個懶腰，可不是討摸喔！

大膽奴才，竟敢打擾本喵做日光浴！

讓我來看看是誰在打擾我跟太陽親密接觸？
啊！是我的鏟屎官啊──
給你一個機會，要是不能解釋就死定了！

咦，今天鏟屎官好像有特別打扮，
原來是要去約會（沒想到還挺人模人樣的）。

「哈基米，這套怎麼樣啊？」
「喵～（不行，格子襯衫太宅男了！）」
「那這套呢？」
「喵！（不錯不錯，孺子可教也。）」

有了本喵支援，相信鏟屎官可以有一場完美約會，
還可以多個人來伺候我。

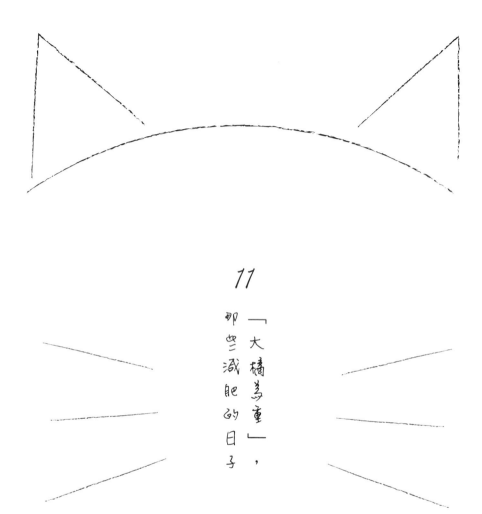

11

「大橘為重」，
那些減肥的日子

我叫橘子，2019 年出生。
喜歡吃、和金魚聊天，
興趣還是吃，我對吃可是真心的！

我的主人是一名大學新生，
還記得在考試的這一年，整天鎖在房間裡閉關，
全家的氣氛相當肅殺，害得我走路都小心翼翼的。
（唉～那些看眼色過活的日子，真是辛苦）
在他壓力大的時候，還會抱著我擼我的毛，
感覺我的毛越來越稀疏了！

前不久放榜，他考上北部學校，這幾天準備搬家，
看他在整理行李，才意識到他以後不會待在家了，
可不能這樣，我決定要來製造障礙，
佔據了整個行李箱，ㄟ嘿！我看你怎麼整理行李。
（還是我躲進行李箱跟著去？）

少了一個人在家，還是有些寂寞呢！
（不要跟他說啊，不然他會驕傲的）

「橘子，你太胖了，需要減肥！」
欸不是，這都要離開家了，
居然還想要我減肥？

身為一隻橘貓，
我必須要說身上的肉是天生的，
這是基因問題，
絕對不是我愛吃不運動，
誰敢再說我太胖，
我……我……離家出走給你看喔！

不要運動了，跟著我一起原地躺平吧！

只要擋住，就看不到有多重。

沒想到啊，沒想到，
朕居然有一天還會被苛扣飲食，
真是世風日下，人心不古啊！

「以後改叫胖橘好了。」
可惡，居然如此揶揄我，
我可不會這麼容易被屈服，
想要讓我減肥，就拿罐罐來交換吧！

帶我走～走到遙遠的以後～

喵喵喵，你要出門怎麼不帶上我？
看到鏟屎官拖著行李箱，大包小包打算出門，
我趕緊擋在他前面。

快看看我尖尖的下巴，
就可以知道最近到底過得多麼慘無「貓」道吧！
除了三餐減量，
就連爺爺奶奶給的小零食都被禁止了，
你居然還要丟下我一隻喵看家？

要是不帶著我，我可就不走啦！

自從鏟屎官到台北讀書之後，
已經整整兩個月沒有回來了，
不知道是不是外面的花花世界讓他迷了眼，
居然忘記要回家？

雖然以前他在家裡的時候，
每天都覺得他太吵了，
整天都要抱著我擼毛，
現在少了這麼吵鬧的人，
還是有些寂寞呢！
（我快要忘記你的味道了）

奴才好久沒有回來啦，是不是忘記朕了？

魚啊魚啊！你看起來好好吃！

減肥的日子真的不是貓過的啊！
現在居然看到爺爺養的魚，
都讓我流口水⋯⋯。

魚缸裡的魚發現我在盯著他們，
個個都游到最深處，
沒有一隻魚要跟我聊天，
其實我只是想要有人陪⋯⋯

（是開門聲，奴才回來了嗎？）

愛，就是每天和你窩在一起！

咦，確認過眼神，原來我們都是貓星同路人。走過、晃過、路過，看見本喵，豈敢不收編？

當你把我帶回家，不管我是軟萌幼崽（嚶嚶怪），還是年邁爺奶（咳咳咳），照樣都愛不釋手（蹭蹭），也一再保證愛不棄守（淚）……，為了報答這一份情意，讓我鐵了心跟定了你喵，準備迎接本喵每日的甜蜜暴擊（呀～）。

01

日子煩躁、生活無聊？

喵生致勝意錢快樂之道

喵生哲學告訴你，偶爾可以耍耍自閉，
不想見客也沒關係，哭過的天空會有彩虹，
順從內心的步調走，就能活得輕盈如風。
快樂是種超能力，就讓喵把歡樂傳染給你！

#01

運動有助釋放腦內啡！

——伸縮自如的，別吃眼前虧，
筋骨需要柔軟，身段也要適時放軟。——

#O2

遇到難關別硬撐，記得投降（求救）吧！

——抱緊處理，可愛永遠不敗。——

#03

生氣的時候，就唱首快歌吧！（動次動次）

——痛快宣洩後，就能夠恢復冷靜和理性。——

#04

親近大自然，來場森林浴（喵）。

——隨時歸零，讓身體回到原廠狀態。——

#05

偶爾要耍自閉，不想見客也沒關係。

——無須與人攀比，活出自己的步調。——

#06
擁有幾位氣味相投的好友，也是挺重要的事！
——三喵行，必有我師焉。——

#07

「ㄉㄩㄝ！」鬼臉瑜珈，讓自己更年輕。

——不必理會別人的無禮，人生很貴請別浪費。——

#08

懂得自嗨才是喵生最高境界，快樂就是這麼簡單！

—— 快樂是一種超能力，把歡樂感染給身邊的人！ ——

#09

非常難過的時候，就大哭一場吧！

──永遠相信，哭完後，心中會有彩虹。──

#*10*

累了，就倒頭睡一覺吧！

——盡全力之後，就把煩惱交給明天。——

#11

永遠不要喪失幽默感，笑一個嘛！

——笑起來的你，還蠻可愛的唷。——

#12

活得輕盈如風，人生沒那麼複雜。

——保持善良，花若盛開，蝴蝶自來。——

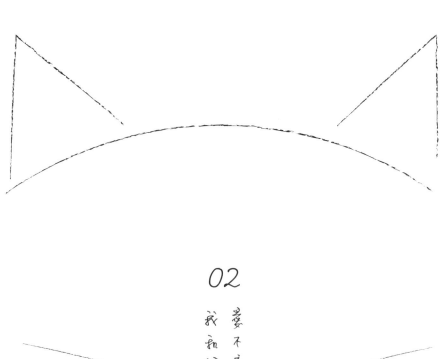

02

夢不夢手，我和鑪屋官365天零距離！

世界上沒有一滴雪會落錯城市，
地球上也沒有一枚貓掌會踏錯地方。
從年少時的愛不釋手，
直到有一天年老時，依然愛不棄守。

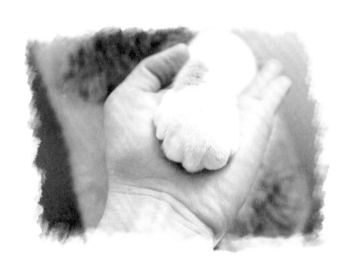

當我第一眼看見你的時候，
內心響起的聲音：「好，就決定是你了！」

從牽手的那一刻開始，到三擊喵掌的約定，
這份深厚關係，漸漸變得牢不可破，
缺一不可。

世界上沒有一滴雪會落錯城市，
地球上也沒有一枚貓掌會踏錯地方。

喵，我們是如此合拍，
正因為帶著前世的記憶奔赴而來。

常聽人家說：
治得了你脾氣的，是你最愛的人；
受得了你脾氣的，是最愛你的人。

謝謝你總是包容我的任性，在我——
刮壞新買的沙發、砸壞液晶螢幕顯示器的時候……。

人類世界偶有不順意的時刻，
記得喵星球的大門，永遠為你敞開，
我會用溫暖的貼貼給你撫慰。

「不管發生什麼事，你都還有我啊！」
有彼此的日子，每天都是紀念日。（蹭蹭）

咱說好了喵，不管黑夜或白天，
就讓我們相守一輩子吧！

FIKA 020

Welcome
喵の寵幸

國家圖書館出版品預行編目 (CIP) 資料

Welcome 喵の寵幸 / 萌寵編輯室作 .-- 第一
版 .-- 臺北市 : 博思智庫股份有限公司 ,2024.03
面 ; 公分

ISBN 978-626-98034-4-6(平裝)

1.CST: 貓 2.CST: 寵物飼養

437.364   113001642

作　　者｜萌寵編輯室
主　　編｜吳翔逸
執行編輯｜陳映羽
專案編輯｜胡　梭、Eileen
美術主任｜蔡雅芬
媒體總監｜黃怡凡

發 行 人｜黃輝煌
社　　長｜蕭艷秋
財務顧問｜蕭聰傑
出 版 者｜博思智庫股份有限公司
地　　址｜104 臺北市中山區松江路 206 號 14 樓之 4
電　　話｜(02) 25623277
傳　　真｜(02) 25632892

總 代 理｜聯合發行股份有限公司
電　　話｜(02)29178022
傳　　真｜(02)29156275

印　　製｜永光彩色印刷股份有限公司
定　　價｜320 元
第一版第一刷 西元 2024 年 3 月

ISBN 978-626-98034-4-6
© 2024 Broad Think Tank Print in Taiwan

博思智庫股份有限公司

博思智庫粉絲團　　Facebook.com/broadthinktank